BEI GRIN MACHT SICH IHR
WISSEN BEZAHLT

- Wir veröffentlichen Ihre Hausarbeit,
  Bachelor- und Masterarbeit

- Ihr eigenes eBook und Buch -
  weltweit in allen wichtigen Shops

- Verdienen Sie an jedem Verkauf

Jetzt bei www.GRIN.com hochladen
und kostenlos publizieren

Jan Sauer

Praktikumsauswertung zum Quanten-Hall-Effekt

GRIN Verlag

Bibliografische Information der Deutschen Nationalbibliothek:

Die Deutsche Bibliothek verzeichnet diese Publikation in der Deutschen National-
bibliografie; detaillierte bibliografische Daten sind im Internet über http://dnb.d-
nb.de/ abrufbar.

Impressum:

Copyright © 2008 GRIN Verlag GmbH
Druck und Bindung: Books on Demand GmbH, Norderstedt Germany
ISBN: 978-3-640-93909-1

Dieses Buch bei GRIN:

http://www.grin.com/de/e-book/173334/praktikumsauswertung-zum-quanten-hall-
effekt

GRIN - Your knowledge has value

Der GRIN Verlag publiziert seit 1998 wissenschaftliche Arbeiten von Studenten, Hochschullehrern und anderen Akademikern als eBook und gedrucktes Buch. Die Verlagswebsite www.grin.com ist die ideale Plattform zur Veröffentlichung von Hausarbeiten, Abschlussarbeiten, wissenschaftlichen Aufsätzen, Dissertationen und Fachbüchern.

Besuchen Sie uns im Internet:

http://www.grin.com/

http://www.facebook.com/grincom

http://www.twitter.com/grin_com

PHYSIKALISCHES PRAKTIKUM FÜR FORTGESCHRITTENE
TECHNISCHE UNIVERSITÄT DARMSTADT

Quanten-Hall-Effekt

Abteilung B: Festkörperphysik

Jan Sauer

17.11.2008

Theorie

Klassischer Hall-Effekt

Der klassische Hall-Effekt beschreibt das Verhalten von Elektronen in einem eindimensionalen Leiter, der von einem Magnetfeld durchströmt wird. Liegt an besagtem Leiter eine Spannung, so werden die Elektronen beschleunigt. Da sie immer wieder Stöße erfahren (thermische Bewegung) und die Bewegungsrichtung nach dem Stoß zufällig ist können wir ihre Bewegung durch die Driftgeschwindigkeit $\underline{v}_d$ beschreiben. Liegt nun ein Magnetfeld senkrecht zum Leiter, so wirkt auf die Elektronen die Lorentzkraft

$$\vec{F} = q(\vec{v}_d \times \vec{B})$$

wodurch die Ladungsträger getrennt werden. Hier ist q die Ladung der Ladungsträger, $\underline{v}_d$ die Driftgeschwindigkeit und $\underline{B}$ das angelegte Magnetfeld. Diese Trennung verursacht ein elektrisches Feld $\underline{E}_H$ senkrecht zur Ausbreitungsrichtung, das der Ladungstrennung entgegenwirkt bis sich ein Gleichgewicht einstellt:

$$\vec{F} = q(\vec{E}_H + \vec{v}_d \times \vec{B}) = 0$$

Wir legen unser Koordinatensystem so, dass $\underline{v}_d = (v_d, 0, 0)$ und $\underline{B} = (0, 0, B)$ gilt. Auflösen ergibt für das elektrische Feld $\underline{E}_H = (0, Bv_d, 0)$. Setzen wir für die Driftgeschwindigkeit die Stromdichte ein ($\underline{j}_x = nq\underline{v}_d$), so erhalten wir für das Hall-Feld

$$\vec{E}_H = \frac{1}{nq} B \vec{j}_x = R_H B \vec{j}_x$$

Mit der Ladungsträgerdichte n und der Ladung pro Ladungsträger q. $R_H = (nq)^{-1}$ ist die sogenannte Hallkonstante. Der Ladungstransport findet also in x-Richtung statt. Daraus folgt für den Hallwiderstand

$$U_H = E_H L_y = \frac{B}{nq} j_x L_y = R(B) I$$

Wobei $R(B) = B/nq$ ist[1]. Da wir im weiteren Elektronen betrachten, setzen wir q = e.

Landau Niveaus

Wenn wir nun statt eines eindimensionalen Leiters ein zweidimensionales Elektronengas verwenden können wir bei sehr hohen Magnetfeldern und sehr tiefen Temperaturen den sogenannten Quanten-Hall-Effekt beobachten. Betrachten wir dabei ein zweidimensionales Elektronengas in einem starken, senkrecht zum Gas stehenden, Magnetfeld quantenmechanisch, so können wir eine Aufspaltung in sogenannte Landau Niveaus beobachten. Dazu betrachten wir den Hamiltonoperator für ein zweidimensionales Gas. Verwenden wir wieder obige Beziehung für das B-Feld so gilt mit der Coulombeichung $\underline{B} = \text{rot}(\underline{A})$ mit $\underline{A} = (0, Bx, 0)$ womit der Hamiltonoperator für ein Elektron in zwei Dimensionen

---

1 Da wir uns in einem zweidimensionalen Gas befinden ist der Strom nicht mehr die Stromstärke über den Querschnitt integriert, sondern lediglich über die Breite, da es sich beim Strom letztendlich um die Zahl der Elektronen handelt, die durch eine Fläche (oder hier entsprechend über eine bestimmte Querschnittslinie) bewegt werden.

$$\hat{H} = \frac{1}{2m}\,(\hat{\vec{P}} - e\,\vec{A}\,(\hat{X}\,,t))^2 \;=\; \frac{\hat{P}_x^2 + \hat{P}_y^2}{2m} + \frac{e^2 B^2}{2m}\,\hat{X}^2 - \frac{eB\,\hat{X}\,\hat{P}_y}{m} \;=\; \frac{\hat{P}_x^2}{2m} + \frac{1}{2}\,m\omega_c^2\left(\hat{X} - \frac{P_y}{m\,\omega_c}\right)^2$$

wird, wobei wir die Zyklotronfrequenz ω_c = eB/m eingesetzt und im letzten Schritt quadratisch erweitert.haben. Dieser Hamiltonoperator entspricht gerade dem eines eindimensionalen, harmonischen Oszillator (unter Vernachlässigung des Spins), der um den Faktor P_y / $m\omega_c$ verschoben wurde (was an den Energieeigenwerten aber nichts ändert). Die Eigenwerte, die die Elektronen annehmen können, nennt man Landau-Niveaus

$$E_i = \left(i + \frac{1}{2}\right)\hbar\,\omega_c\,;\quad i \in \mathbb{N}$$

Bei dieser Herleitung haben wir den Spin nicht berücksichtigt. Der Spin verursacht eine zusätzliche Aufspaltung der Landau-Niveaus durch den Zeemann-Effekt. Diese Eigenwerte E_i sind jedoch entartet. Aufgrund der Randbedingungen für einen endlichen Halbleiter kann die Quantenzahl k_y = P_y / $\hbar$ die Werte k_y = $2\pi j/L_y$ annehmen (für alle natürlichen Zahlen j). Zusätzlich dazu muss die Ruhelage des harmonischen Oszillators (x_0 = $P_y/m\omega_c$) natürlich auch innerhalb des Halbleiters liegen:

$$0 \le \frac{\hbar k_y}{m\,\omega_c} \le L_x \quad \text{woraus für die Zahl j folgt} \quad 0 \le j \le \frac{m\omega_c L_x L_y}{2\pi\,\hbar}$$

wobei j die Anzahl der Werte für k_y zu einem Landau-Niveau ist (und dadurch die Entartung). Ist ein Landau-Niveau also vollständig gefüllt, so ist es eBL_xL_y/h-Fach entartet. Hierbei haben wir die zusätzliche Entartung durch den Spin vernachlässigt. Beachten wir die Spinentartung, so spaltet ein Landau-Niveau in zwei Unterniveaus auf (Zeeman-Effekt), da sich die Energie des Elektrons je nach Spinausrichtung gegenüber dem Magnetfeld vergrößert oder verringert.

$$\Delta \vec{E} = \vec{\mu}\cdot\vec{B} = \frac{g_s\mu_B}{\hbar}\,\vec{s}\cdot\vec{B} = \frac{g_s\mu_B}{\hbar}\,m_z\,\hbar\,B \approx \pm\mu_B B$$

g_s ist der Landé-Faktor ist und für Elektronen ungefähr gleich 2, μ_B ist das Bohr'sche Magneton und m_z die magnetische Quantenzahl des Spins in z-Richtung wobei m_z für Elektronen nur die Werte +/- ½ annehmen kann. Es entstehen, die Energie eines Landau-Niveaus wird also um diesen Betrag geändert und es entstehen, wie bereits erwähnt, zwei Unterniveaus für jedes Landau-Niveau. Die tatsächliche Entartung eines Landau-Niveaus ist also nicht j, sondern 2j.

Der Füllfaktor ist demnach die Anzahl der möglichen Energiewerte des Elektronengases, die vollständig gefüllt sind. Im Fall eines Elektronengases ist also ist der Füllfaktor doppelt so groß wie die Anzahl der gefüllten Landau-Niveaus.

Zustandsdichte eines zweidimensionalen Elektronengases (ohne Magnetfeld)

Für das Elektronengas können wir den Ansatz einer ebenen Welle $\psi(x,y) = C\,\exp[-i(k_x x + k_y y)]$ machen. Wir nehmen nun an, dass das Elektronengas eine periodische Wellenfunktion aufweist. Es soll also gelten $\psi(x + L_x,y) = \psi(x,y + L_y) = \psi(x,y)$. Daraus folgt für die Werte von k_x und k_y:

$$e^{-i(k_x x + k_x L_x + k_y y)} = e^{-i(k_x x + k_y y + k_y L_y)} = e^{-ik_x x}\,e^{-ik_x L_x}\,e^{-ik_y y} = e^{-ik_x x}\,e^{-ik_y y}\,e^{-ik_y L_y} = e^{-ik_x x}\,e^{-ik_y y}$$

$$k_x = \frac{2\,n_x\,\pi}{L_x}$$

$$k_y = \frac{2\,n_y\,\pi}{L_y}$$

Im k-Raum sind die möglichen Zustände eines Elektrons wie ein quadratisches Gitter angeordnet. Insbesondere nimmt ein Zustand die Fläche $4\pi^2/L_xL_y$ ein. Daraus folgt für die Anzahl der möglichen Zustände mit $E < E(\underline{k})$ für ein bestimmten k-Wert näherungsweise

$$Z_k = \frac{\pi\,k^2}{(4\pi^2/L_xL_y)} = \frac{L_x\,L_y\,k^2}{4\pi}$$

Die Zustandsdichte ist definiert als $D(k) = dZ_k / dk$. Mit der Beziehung $E = \hbar^2 k^2 / 2m$ folgt:

$$Z_E = \frac{L_x\,L_y\,2\,m\,E}{4\pi\,\hbar^2} = \frac{m\,L_x\,L_y}{2\pi\,\hbar^2}\,E$$

$$D(E) = \frac{dZ_E}{dE} = \frac{m\,L_x\,L_y}{2\pi\,\hbar^2}$$

Die Zustandsdichte ist also unabhängig von der Energie und damit konstant. Zusätzlich dazu ist die Zustandsdichte pro Flächeneinheit sogar unabhängig von der Probenstruktur.
Legen wir nun ein entsprechend hohes Magnetfeld bei tiefen Temperaturen an, so haben die Elektronen nur noch diskrete Energiewerte. Betrachten wir die Zustandsdichte der Elektronen und multiplizieren sie mit dem Abstand zweier Landau-Niveaus ($\Delta E_n = \hbar\omega_c$) so erhalten wir gerade die Entartung eines Landau-Niveaus. Wir können also annehmen, dass die möglichen Zustände auf Kreisen im k-Raum „kondensieren." Die Zustandsdichte im Magnetfeld ist also eine Summe aus entarteten Delta-funktionen.

Quanten-Hall-Effekt

Der Quanten-Hall-Effekt beschreibt das Verhalten eines zweidimensionalen Elektronengases bei sehr tiefen Temperaturen in einem sehr starken Magnetfeld. Wir betrachten hierzu wieder das Verhalten von Elektronen in einem Magnetfeld, diesmal aber in zwei Dimensionen. Wir verwenden dabei das Drude-Modell für die Bewegung von Elektronen in einem Ionenkristall. Um Stöße und eine endliche Geschwindigkeit bei angelegter Spannung in einem Leiter zu erklären stellte Paul Drude folgende Bewegungsgleichung auf:

$$m\frac{d\vec{v}}{dt} = -\vec{F} - \frac{m}{\tau}\vec{v}_d$$

wobei $\underline{v}_d$ die Geschwindigkeit der Elektronen abzüglich der stochastischen, thermischen Bewegung kennzeichnet. Die Größe τ ist die mittlere Stoßzeit der Elektronen im Ionenkristall. Nach einem solchen Stoß wird ein Elektron in eine zufällige Richtung gestreut. Setzen wir nun die Lorentzkraft in diese Bewegungsgleichung ein und betrachten den stationären Fall ($d\underline{v}/dt = 0$), so folgt:

$$\vec{v}_{d,x} = -\frac{e\tau}{m}(E_x + v_{d,y}B)$$

$$\vec{v}_{d,y} = -\frac{e\tau}{m}(E_y + v_{d,x}B)$$

$$\rightarrow \quad \vec{E} = \begin{pmatrix} \rho_{xx} & \rho_{xy} \\ -\rho_{xy} & \rho_{xx} \end{pmatrix}\vec{j} \quad ; \qquad \rho_{xx} = \frac{m}{ne^2\tau}$$

$$\rho_{xy} = \frac{B}{ne}$$

Wobei wir die Beziehung ($\underline{E} = \rho \, \underline{j}$) mit dem spezifischen Widerstand ρ verwendet haben. Wir sehen, dass ρ_{xy} dem Hallwiderstand entspricht. Wenn wir nun B = 0 setzen, so sehen wir, dass ρ_{xx} der spezifische Widerstand des Ladungstransportes ist ($E_x = \rho_{xx} j_x$).

Nun können wir den quantenmechanischen Aspekt der Elektronenniveaus miteinbeziehen. Die mittlere Stoßzeit τ spielt hierbei eine zentrale Rolle. Bei sehr tiefen Temperaturen besetzen die Elektronen die untersten Landau-Niveaus und füllen sie vollständig aus. Da die Entartung der Niveaus von der Stärke des Magnetfeldes abhängt können wir davon ausgehen, dass bei gleichbleibender Elektronenzahl in der Probe bestimmte Werte für B existieren, so dass die untersten Landau-Niveaus vollständig gefüllt sind. Ist zusätzlich das B-Feld sehr groß, so ist der Abstand der Landau-Niveaus so groß, dass Elektronen durch Stöße nicht in ein höheres Niveau angehoben werden können. Folglich gehen wir davon aus, dass es keine Stöße bei solchen Einstellungen gibt, wodurch die Stoßzeit τ unendlich groß wird. Betrachten wir nun wieder unsere spezifischen Widerstände so sehen wir, dass der Widerstand $\rho_{xx} = 0$ wird. Ebenso können wir den Leitfähigkeitstensor $\sigma = \rho^{-1}$ betrachten und sehen, dass auch für σ_{xx} gilt:

$$\vec{j} = \begin{pmatrix} \sigma_{xx} & \sigma_{xy} \\ -\sigma_{xy} & \sigma_{xx} \end{pmatrix} \vec{E} \rightarrow \quad \begin{aligned} \sigma_{xx} &= \frac{ne}{B} \frac{\omega_c \tau}{1 + \omega_c^2 \tau^2} \\ \sigma_{xy} &= -\frac{ne}{B} \frac{\omega_c^2 \tau^2}{1 + \omega_c^2 \tau^2} \end{aligned} \rightarrow \quad \begin{aligned} \lim_{\tau \to \infty} \sigma_{xx} &= 0 \\ \lim_{\tau \to \infty} \sigma_{xy} &= -\frac{ne}{B} \end{aligned}$$

Die Leitfähigkeit wird also in Bewegungsrichtung ($\underline{v_d} = v_d \, \underline{e_x}$) der Elektronen ebenfalls 0. Für den Hallwiderstand folgt nun mit der Elektronendichte für i vollständig gefüllte Energieniveaus (n = i*j/$L_x L_y$):

$$R(B) = \frac{B}{ne} = \frac{B}{e} \frac{h}{ieB} = \frac{1}{i} \frac{h}{e^2}$$

Wichtig ist hier, dass wir vollständige *Energieniveaus* betrachten, also die Spinentartung miteinbeziehen. Ein gerader Füllfaktor entspricht hier also gerade i/2 vollständig gefüllte Landau-Niveaus. Der Hallwiderstand im Falle des Quanten-Hall-Effekts in einer zweidimensionalen Probe ist also nicht nur unabhängig von der Geometrie der Probe sondern auch von dem Magnetfeld selber. Dies erklärt also die diskreten Werte für den Hallwiderstand nicht aber die Tatsache, dass es Plateaus über größere Bereiche des Magnetfeldes gibt, bei denen er unverändert ist. Für diese Tatsache gibt es einige qualitative Beschreibungen. Dem Experiment am nächsten ist die Betrachtung mithilfe von Unreinheiten in der Probe, die zu sogenannten Lokalisierungen der Leitungselektronen führen.

Unreinheiten führen dazu, dass es kleine Potentialtöpfe gibt, die Elektronen „einfangen." Diese Elektronen können somit keinen Strom mehr leiten und gehen nicht mehr in die Elektronendichte mit ein, da sich diese nur auf die Leitelektronen des Elektronengases bezieht. Betrachten wir einmal den Fall, dass es keine Unreinheiten gibt und dass bis zum Niveau (i+1) alle Niveaus gefüllt sind. Erhöhen wir nun das Magnetfeld, so wird der Abstand zwischen Niveaus größer, ihre Entartung steigt an und die Elektronen fallen von oberen Niveaus in niedrigere. Das Niveau (i+1) beginnt sich langsam zu leeren und die unteren füllen sich bis das Niveau (i+1) vollständig leer ist und die unteren aufgefüllt sind. Während nicht alle Niveaus gefüllt sind, sind Stöße zwischen Elektronen möglich und τ wird endlich. Man würde also keine Plateaus bzw. kein verschwinden des Leitungswiderstandes erwarten.

Gehen wir nun von solchen Unreinheiten aus, so werden einige Elektronen von den kleinen Potentialtöpfen der Unreinheiten eingefangen und lokalisiert. Das Magnetfeld steigt nun an, bis alle

Landau-Niveaus bis zum i-ten gefüllt sind. Erhöht sich das Feld weiter, so bleibt der Hallwiderstand gleich, weshalb wir von einer Erhöhung der Elektronendichte ausgehen, die die Erhöhung des Magnetfeldes ausgleicht. Anschaulich bedeutet dies, dass die lokalisierten Elektronen zwischen dem i-ten und dem inzwischen leeren (i+1)-ten Niveau in die unteren Niveaus fallen und dafür sorgen, dass diese über einen breiten Bereich des B-Feldes immer gefüllt bleiben, wodurch τ unendlich groß bleibt. Statt das die Fermienergie also von einem δ-Peak der idealisierten Zustandsdichte zu dem nächsten springt wird sie von den lokalisierten Elektronen zwischen den Peaks festgehalten, bis diese delokalisieren. Dies führt zu sowohl den erwarteten Plateaus des Hallwiderstands als auch das Verschwinden des Leitwiderstands.

Herstellung eines zweidimensionalen Elektronengases (2DEG)

Zum beobachten des Quanten-Hall-Effekts benötigen wir, wie bereits erwähnt, ein 2DEG. Um ein solches Elektronengas herzustellen verwenden wir eine sogenannte Heterostruktur. Im Gegensatz zu anderen Halbleiterbauelementen ist bei einem solchen Heteroübergang nicht die Dotierung sondern die Materialart von zentraler Bedeutung. Voraussetzung ist eine ähnliche Kristallstruktur aber unterschiedliche Energieunterschiede zwischen dem Valenz- und dem Leitungsband.

In unserem Versuch sind die zwei Halbleiter schwach p-dotiertes Galiumarsenid (GaAs) und Silizium-dotiertes (n-dotiert) $Al_xGa_{1-x}As$, wobei letzteres die größere Bandbreite hat. Fügt man sie nun aneinander, so wandern Leitungselektronen aus der n-dotierten Schicht in die p-dotierte. Dies verursacht ein starkes elektrisches Feld, wodurch die Valenz- und Leitungsbänder verbogen werden. Bei geeigneten Bedingungen gibt es einen „Zipfel" (siehe Bild), der unter der Fermienergie liegt, wodurch sich Leitungselektronen in dieser Potentialmulde ansammeln. Ist diese Mulde sehr klein, so entspricht dies einem sehr schmalen Potentialtopf, in dem die Bewegung senkrecht zur Kontaktfläche stark quantisiert wird, während die Bewegung parallel dazu unverändert bleibt. Ist nun die Temperatur (wie in unserem Versuch auch) sehr niedrig, so besetzten die Elektronen das unterste Energieniveau und bewegen sich ausschließlich parallel zur Kontaktfläche, wodurch ein 2DEG entsteht.

Ein MOSFET (Metal-Oxide-Semiconductor Field-Effect-Transistor) funktioniert nach einem ähnlichen Prinzip. Ein MOSFET besteht aus einem dotierten Halbleiter als Körper (Body) und zwei in ihm eingebettete andersdotierte Halbleiter (Source und Drain). Mit dem Körper, zwischen Source und Drain, ist eine isolierende Oxidschicht und eine Metallelektrode verbunden. Um ein Elektronengas zu realisieren muss der Körper p-dotiert und die anderen beiden Halbleiter n-dotiert sein. Wenn an die Metallelektrode eine positive Spannung gelegt wird, führt dies dazu, dass die Löcher des Körpers abgestoßen werden. Dabei soll die Oxidschicht einen Strom zwischen Metall und Halbleiter verhindern. Übersteigt die Spannung nun einen kritischen Wert, so können Elektronen aus Source und Drain (die beide n-dotiert sind) in diesen Bereich treten und bilden einen leitenden Kanal (dies ist die sogenannte Inversionsschicht). Die Elektronen in diesem Kanal können aufgrund der Dimension des Kanals als zweidimensionales Elektronengas behandelt werden.

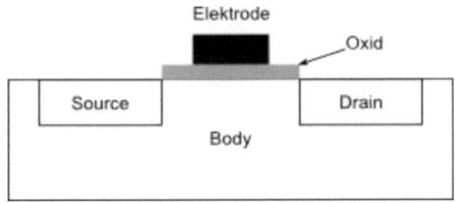

(Bild: allgemeiner MOSFET, mit dem entweder ein Elektronen- oder „Löchergas" gebildet werden kann)

Der Vorteil eines Heteroübergangs gegenüber einem Si-MOSFET ist, dass aufgrund der schwachen Dotierung der GaAs-Schicht (in der sich das Elektronengas befindet) die Elektronenbeweglichkeit beim Heteroübergang wesentlich größer ist als im MOSFET. Dies bedeutet für uns, dass bereits ein Magnetfeld von bis zu 9 Tesla ausreicht, um den Quanten-Hall-Effekt zu betrachten statt eines wesentlich höheren Feldes, das ein entsprechend größeren und teureren Aufbau benötigen würde.

Versuchsaufbau

Da die Messung bei einer Temperatur von ca. 4 K stattfindet ist die Probe entsprechend isolierten. Sie befindet sich in einem He-Verdampfungskryostaten. Die Temperaturmessung erfolgt über zwei geeichte Widerstandsthermometer (für den Bereich 30K-300K wird ein Platin-Drahtwiderstand und für den Bereich unter 30K ein Kohle-Glas-Widerstand verwendet). Das Magnetfeld wird mit einem supraleitenden Niob-Titan-Magneten (bewickelte Länge: 22cm, Durchmesser der Bohrung: 5cm) erzeugt, wobei ein Strom von 92,7 A benötigt wird, um eine Feldstärke von 9 T zu erreichen[2]. Vorgekühlt wurde mit flüssigem Stickstoff auf 77 K, dannach mit flüssigem Helium auf ca. 4 K bis 5 K.

Der Hallwiderstand wird mittels der Vierpol-Messmethode ermittelt. Dabei werden an die Probe vier Kontakte angelegt. Zwei werden mit einer Stromquelle verbunden, so dass über die Probe ein konstanter Strom fließt. Über die anderen Kontakte wird der Widerstand gemessen. Durch diese Meßmethode werden Verfälschungen durch die Zuleitungen verhindert und der genaue Widerstand gemessen.

---

2 Für eine detaillerte Beschreibung und Abbildung des Versuchsaufbaus, siehe die Webseite des Instituts für Festkörperphysik an der TU Darmstadt: http://www1.fkp.tu-darmstadt.de/fprakt/Quanten-Hall/info.html

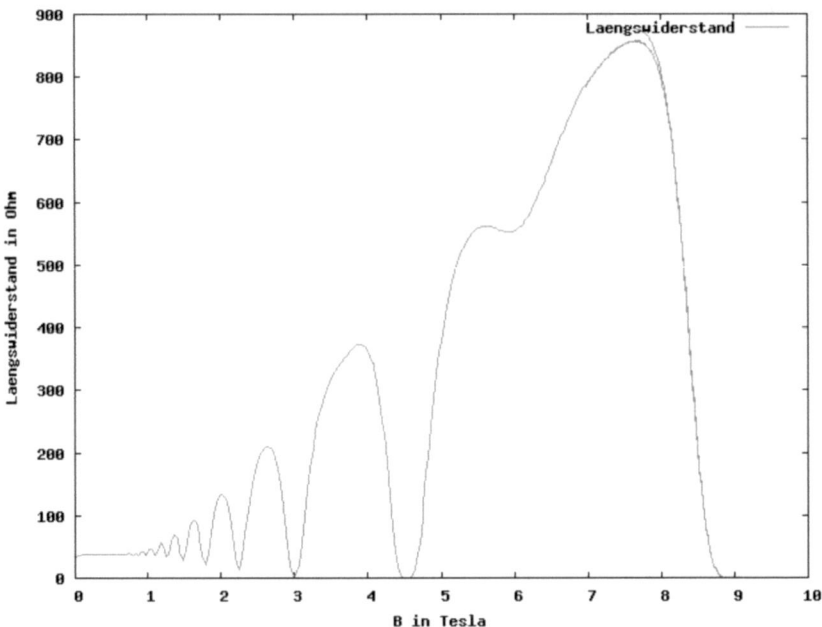

(Bild: gemessener Längswiderstand über das Magnetfeld aufgetragen; die doppelten Werte entstanden, weil das Program zur Auswertung der Messdaten die Messwerte gerundet hat, so dass Nachkommastellen fehlen und einige Magnetfeldstärken scheinbar doppelt gemessen wurden)

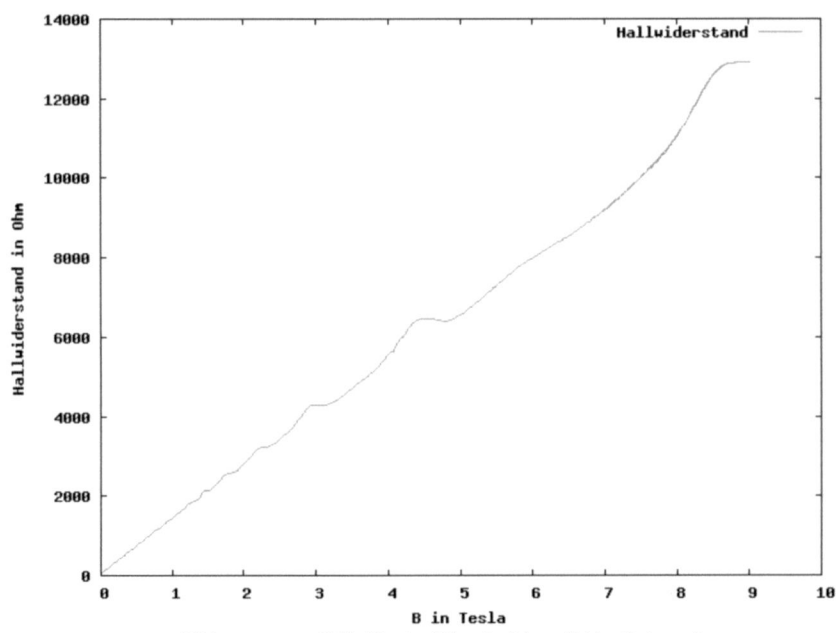

(Bild: gemessener Hallwiderstand über das Magnetfeld aufgetragen)

Auswertung

Plateauwerte R(B)

Wir sehen die Plateaus sehr gut, auch wenn diese relativ klein sind. Als gemessenen Wert betrachten wir hier den Mittelwert der beiden äußeren Werte für R(B), da die Plateaus zum Teil schräg sind (wie es bei ca. 4,5 T der Fall ist). Die Werte für h bzw. e seien hier $6,626*10^{-34}$ bzw. $1,6*10^{-19}$.

i	R(B) Theorie in Ohm	B-Bereich	R(B) gemessen in Ohm
2	12941,41	8,76 T bis 8,9 T	12895,88
4	6470,7	4,45 T bis 4,8 T	6423,33
6	4313,8	2,95 T bis 3,11 T	4281,85
8	3235,35	2,21 T bis 2,29 T	3210,6
10	2588,28	1,71 T bis 1,83 T	2534,08
12	2156,9	1,44 T bis 1,55 T	2151,38
14	1848,77	1,22 T bis 1,27 T	1797,9

Alle weiteren Plateaus sind nur sehr schwer zu erkennen und dementsprechend sind die Fehler zu groß um brauchbare Werte zu liefern. Auffällig ist, dass nur gerade Werte für i klar zu erkennen sind. Unsere Vorstellung der Unreinheiten, die für die Plateaus verantwortlich sind, kann auch hier eine mögliche Erklärung liefern. Für Elektronen gibt es zwei möglichen Energiedifferenzen zwischen Niveaus.

$$\Delta E_1 = \left[\left(i + \frac{1}{2}\right)\frac{\hbar e}{m} + \mu_B\right] \cdot B - \left[\left(i + \frac{1}{2}\right)\frac{\hbar e}{m} - \mu_B\right] \cdot B = 2\mu_B B$$

$$\Delta E_2 = \left[\left(i + 1 + \frac{1}{2}\right)\frac{\hbar e}{m} - \mu_B\right] \cdot B - \left[\left(i + \frac{1}{2}\right)\frac{\hbar e}{m} + \mu_B\right] \cdot B = \hbar\omega_c - 2\mu_B B$$

Wobei ΔE_1 die Energiedifferenz zwischen den Unterniveaus innerhalb eines Landau-Niveaus ist und ΔE_2 die Energiedifferenz zwischen benachbarten Unterniveaus zweier unterschiedlichen Landau-Niveaus sind. Dabei ist ΔE_1 viel kleiner als ΔE_2 für alle Werte von B, da die effektive Masse im Festkörper um ca. 2 Größenordnungen kleiner ist, als die tatsächliche Elektronenmasse[3]. Da die Plateaus dadurch entstehen, dass lokalisierte Elektronen zwischen dem letzten gefüllten Niveau und dem darüber liegenden Niveau in die unteren Niveaus „fallen" und dadurch das Verhältnis B/n konstant halten (siehe oben), können wir annehmen, dass die Energiedifferenz zwischen zwei Landau-Niveaus direkt mit der Länge des Plateaus gekoppelt ist. Da nun der Abstand zweier Unterniveaus wesentlich kleiner ist als der Abstand zweier Landau-Niveaus wird das Plateau, das entsteht, wenn die Fermienergie zwischen zwei Unterniveaus eines Landau-Niveaus ist, im Verhältnis zu den anderen Plateaus sehr klein sein. Die Auflösung unseres Messgerätes hat dementsprechend nicht gereicht, um diese Plateaus zu ungeraden Füllfaktoren zu sehen.

Ladungsträgerdichte bei i=4

Die Ladungsträgerdichte lässt sich sehr leicht bestimmen, nämlich mit der Gleichung für den allgemeinen Hallwiderstand

$$R(B) = \frac{B}{ne} \quad \rightarrow \quad n = \frac{B}{R(B)e}$$

---

3 „Einführung in die Festkörperphysik", Kittel; Kapitel 8, Tabelle 2

Bei $i = 4$ war der gemessene Hallwiderstand $R(B) = 6423{,}33\ \Omega$ im Magnetfeldbereich von 4,45 T bis 4,8 T. Für die Ladungsträgerdichte ergibt sich also zwischen $n_{min} = 4{,}33 * 10^{15}$ Elektronen pro m² und $n_{max} = 4{,}67 * 10^{15}$ Elektronen pro m². Für die Beweglichkeit μ gilt $\underline{v}_d = \mu\underline{E}$. Daraus folgt mit $j = ne\underline{v}_d$:

$$\vec{j} = ne\mu\,\vec{E} = \sigma\,\vec{E} \quad \rightarrow \quad \mu = \frac{\sigma}{ne}$$

Wenn wir $\sigma_{xy} = 1/R(B)$ einsetzen und den Hallwiderstand bei $B = 0$ T betrachten ($R(B) = 24{,}8\ \Omega$), so erhalten wir für die Beweglichkeit

$$\mu_{min} = \frac{1}{R(B)\,n_{max}\,e} = 53{,}96\ \frac{m^2}{V\,s}$$

$$\mu_{max} = \frac{1}{R(B)\,n_{min}\,e} = 58{,}20\ \frac{m^2}{V\,s}$$

Feinstrukturkonstante

Für die Sommerfeld'sche Feinstrukturkonstante gilt die Gleichung

$$\alpha = \frac{1}{2c_0\epsilon_0}\frac{e^2}{h} = \frac{1}{2c_0\epsilon_0}\frac{1}{i\,R(B)}$$

mit der Vakuumslichtgeschwindigkeit $c_0 = 2{,}998 * 10^8\ ms^{-1}$ und der elektrischen Feldkonstanten $\varepsilon_0 = 8{,}854 * 10^{-12}\ Fm^{-1}$. Dies fühen wir tabellarisch zusammen für alle Messwerte von $R(B)$:

i	$(i\,R(B))^{-1}$ in Ω	α
2	25791,76	7,30328E-03
4	25693,32	7,33126E-03
6	25691,1	7,33189E-03
8	25684,8	7,33369E-03
10	25340,8	7,43325E-03
12	25816,56	7,29626E-03
14	25170,6	7,48351E-03

Es ergibt sich für die Feinstrukturkonstante $\alpha = (7{,}36 +/- 0{,}07) * 10^{-3}$. Dies ist leider etwas über dem Literaturwert von $\alpha = 7{,}297 * 10^{-3}$. Berechnen wir jedoch nicht die Werte für $i = 10$ und $i = 14$, da diese offensichtlich deutlich von den anderen abweichen, erhalten wir $\alpha = (7{,}32 +/- 0{,}018) * 10^{-3}$, was deutlich besser zum Literaturwert passt.

Abweichung des Längswiderstands von $R_L = 0\ \Omega$

Wir erwarten eigentlich, dass der Längswiderstands bei vollständig gefüllten Landau-Niveaus den Wert $0\ \Omega$ annimmt. Dass dies nicht der Fall ist wird durch die endliche Ausdehnung der Probe verursacht. Im klassischen Grenzfall beschreiben die Elektronen im Magnetfeld eine Zyklotronbahn. Dies ist aber nur in der Mitte der Probe gegeben. Wenn wir uns den Halbleiter als Potentialtopf vorstellen, so bildet die Grenze einen starken Anstieg zum Vakuumspotential. Dementsprechend werden die Elektronen am Rand der Probe reflektiert. Aufgrund des Magnetfeldes jedoch, werden sie schnell wieder auf eine Zyklotronbahn gelenkt, so dass sogenannte „skipping Orbits" entstehen. Das Elektron scheint am Rand der Probe entlangzuspringen.

Weil es keine Streumöglichkeiten gibt, wenn die Fermienergie zwischen zwei Niveaus sitzt, können diese Elektronen ungehindert durch die Probe laufen. Es bilden sich also Randkanäle aus, die bei einer angelegten Spannung zu einer Stromleitung führen. Das Schaubild erweckt nur den Eindruck eines Längswiderstandes $R_L = 0 \, \Omega$ weil die Auflösung der Apparatur keine genaue Messung dieses Stroms ermöglicht.

Literaturangaben

Kittel, C: „Einführung in die Festkörperphysik", Oldenbourg Wissenschaftsverlag, 1999